你好，大自然

[西]亚历杭德罗·阿尔加拉 著　[西]罗西奥·博尼利亚 绘　詹玲 译

动物的颜色

科学普及出版社
·北京·

2

艾琳和布鲁诺总是对世界充满好奇，他们想知道以下这些问题的答案：为什么有些动物的颜色那么鲜艳？为什么有些动物的体色能与环境协调一致，而且当它们静止不动时几乎无法被看出来？真有透明的动物吗？为什么斑马有条纹？动物是怎么借助颜色把警告信息传递给其他动物的？

动物的颜色有什么用？

　　动物为什么借助体色？原因千差万别。捕食者及其猎物都会利用自身颜色：前者在不被发现的情况下去靠近想要捕获的猎物；猎物则借助颜色避免被天敌发现并吃掉。另有一些体味难闻或能产生毒素的动物，它们用颜色警示其他动物不要捕食自己。有些动物实际无害，却伪装成危险的动物，以此欺骗那些暗中窥伺的捕食者。还有些动物则借助颜色来吸引异性。

保护色

　　许多动物身体的颜色和形状在自然环境中都不醒目，它们就利用这些特点来保护自己。这样的昆虫有很多，如身体颜色特别像树皮的飞蛾。还有毛毛虫，不管是外形还是身体颜色都和植物的茎非常相似。

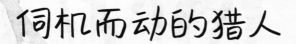

伺机而动的猎人

捕食者利用伪装色隐藏自己，避免引起猎物的注意。当心，埋伏的猎食者说不定正伺机而动呢！老虎黄色皮毛上点缀黑色条纹，使生活在丛林中的它们很少被发现，特别是当斑驳的光影照在老虎身上的时候，它们几乎与茂密的植被融为一体。

变色

　　动物界的伪装大师们能随着环境色调的变化改换自己的颜色。变色龙是陆地上的伪装之王。今天我们知道，变色龙变色不仅是为了在色彩各异的环境中隐藏身形，也是为了向其他变色龙表达自己的情绪。它们甚至能用颜色表示自己的身体是健康的还是生病的。

水域伪装色

　　许多海洋动物也会变色。有些鱼的颜色可以随着昼夜更替变浅或变深。当比目鱼躺卧在沙子上时，它可以完美地模仿背景色，让自己跟沙子像是合为一体，几乎无法分辨。

墨鱼的颜色

　　海洋中的章鱼、鱿鱼，尤其是墨鱼有着高超的变色本领。这些聪明的软体动物，通过变色不仅能和同类交流，能吓退捕食者，还能玩消失，或者让自己看起来像其他动物的样子。还不止这些，它们甚至能改变皮肤上的图案！

警戒色

　　有些动物并不试图隐藏在自然环境中或避免引起注意。相反，它们用醒目的艳丽颜色来宣告自己的存在。白、黑、黄、红是最常见的颜色组合。一些青蛙和蝾螈会呈现这些颜色；一些蛇和蜥蜴、不少昆虫和蜘蛛，还有一些哺乳动物（如臭鼬）同样如此。

　　"这真奇怪呀！"布鲁诺说。但原因很简单。

别碰我！不要吃我！

　　不要吃我！黄蜂发出这样的警告。正因为黑黄相间的条纹暗示着它们长有螫针，所以那些视力极佳的鸟儿不敢吃它们。有些蝴蝶，比如帝王蝶，会用它们橙色及黑色的斑纹警告潜在的捕食者——自己的味道特别糟糕。黑色毛皮的臭鼬在背部和尾巴上有一纵向白色条纹，这是在说："不要打扰我！不要靠近我！否则我就朝你喷臭臭的液体！"

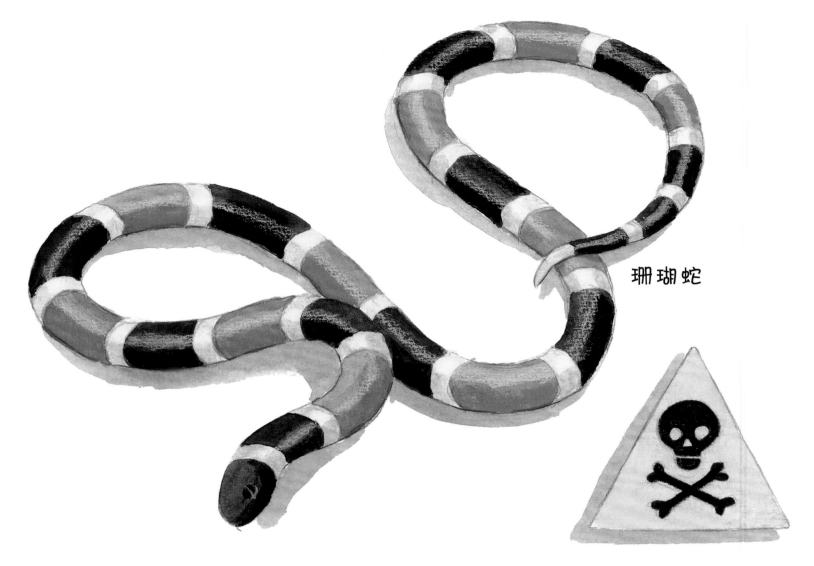

珊瑚蛇

诡计多端的模仿者

　　警戒色，又称警示色，是一些动物用来保护自己的有力盾牌。美国最毒的一种蛇是珊瑚蛇，它们以遍布全身的黄、黑、红三色环纹宣告自己有毒。其他完全无毒的蛇，如牛奶蛇，它们的环纹类似珊瑚蛇的，但又不完全相同，它们借着这个花招骗过潜在的捕食者。牛奶蛇也太聪明了！

牛奶蛇

21

它是黄蜂还是苍蝇?

你要是在花园或草丛中穿行，很容易发现一些昆虫为了免受攻击而利用其他昆虫的警示色。你可能会见到一些看起来像黄蜂的昆虫在花丛中飞舞，如果凑近去观察，你便能发现它们的真实身份——实际上完全无毒却又非常擅长伪装的食蚜蝇。一些食蚜蝇在模仿黄蜂，另外一些则伪装成蜜蜂。小心，别被这些小飞虫骗了!

吓退捕食者的眼状花纹

欺骗捕食者的一种方法是用明艳的色彩或被称为眼斑的假眼（眼状花纹）来吓退它们。一些蝴蝶的翅膀背面有两块大眼斑，要是翅膀腹面的迷彩色骗不了四处潜行的鸟儿，蝴蝶就会突然张开翅膀，把眼斑亮出来。运气好的话，眼斑会吓到来捕食的动物，蝴蝶就可以利用这个间隙赶紧飞走。

炫耀亮丽的外表，才好找到新娘

在动物世界里，色彩对繁衍后代起着至关重要的作用。最典型的例子便是鸟类。雄孔雀的尾屏色彩艳丽，闪着令人难以置信的绿色、蓝色和金色光泽。雌孔雀的羽毛颜色灰暗，适合躲藏在植被中不被发现。雄孔雀开屏斗艳，争相炫耀那绚丽夺目的华美尾屏。被雌孔雀选中者胜出，并将成为未来孩子的父亲。

吸引顾客的体色

　　清洁鱼从头到尾贯穿着深色条纹，它们的这身"制服"告诉其他鱼自己是谁，大大小小的鱼儿都来找它们清洁身体。当清洁鱼为一条鱼服务时，其他鱼会耐心等候。通过这种方式，大家各取所需：清洁鱼有了可吃的食物，其他鱼被清洁完毕离开时，嘴巴和身体都是干干净净的，既没有死皮也没有寄生虫。

斑马的条纹

斑马的颜色美丽而与众不同，它们看起来像穿着条纹睡衣的马。它们的条纹有什么用呢？多年来，科学家一直在寻找这个问题的答案。有人认为条纹可以保护斑马免受狮子、鬣狗之类动物的伤害。从远处遥望一群斑马时，其实很难辨识出一匹斑马的身躯从哪里结束，而另一匹的又从哪里开始。当斑马群开始狂奔时，运动状态中的条纹是非常具有迷惑性的。当猎食动物满腹疑团时，斑马们就可以顺利地逃之夭夭了。

透明的动物

　　布鲁诺问艾琳："有不带颜色的动物吗？"有，它们是透明的动物。比如，许多水母的身体差不多是完全透明的。还有无色的玻璃缺鳍鲶，光线可以穿透它们的身体。这种适应环境的方式使这些动物不易被看到，因为它们所呈现的颜色几乎就是周围环境的颜色。

艾琳和布鲁诺继续着他们的旅程——进一步探索颜色是怎么在动物王国中发挥作用的。这多有意思啊！小伙伴们，回头见！

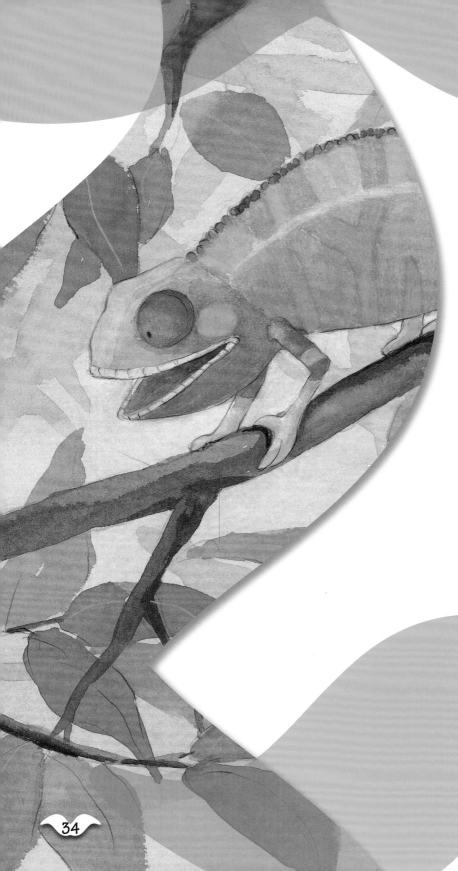

亲子指南

动物利用体色的原因各种各样。

色彩在动物世界中的主要作用

隐蔽色：这是动物为避免在栖息环境中被发现的一套策略。当动物试图躲避捕食者时，该策略可以用于防御。这一策略也可用于进攻，当捕食者要接近猎物又要让其来不及发现自己时，就会采用隐蔽的保护色。

警示色：这是一种警戒色，用来警告捕食者潜在的猎物很危险。这些动物都具备某种防御能力，比如注射毒液、发出刺鼻气味或产生其他有害物质。

拟态：这种策略在于模仿另一种动物的警戒色，好利用它保护自身。模仿警戒色的动物通常无毒，并且可食用。

迷惑行为：它也被称为"恐吓绝招"。这些招式包括发出声音、突然做出动作、亮出威胁色等。能抖出最后这招的动物通常有隐藏的色彩和斑纹，遇险时亮出来可以暂时吓退捕猎动物。趁其犹豫时，它们赶紧开溜。

色彩信号：这是动物的最后一组色彩策略，包括用特定的丽色彩向雌性表明它们准备交配，还有清洁鱼的体色是宣告它可以为其他鱼类服务。

动物五彩斑斓的秘密

动物的颜色因所属的物种和群体而异。有些动物的颜色来自皮肤产生的色素，黑色素是其中之一。在其他情况下，颜色并非源自色素，而是光照到身体微结构上产生不同反射光而呈现的效果。雄孔雀的羽毛（以及许多鸟类羽毛）的彩虹色就是一个例子。在显微镜下观察这些羽毛时，实际看到的是单一的颜色，通常都是棕色。羽毛那种五彩斑斓的色彩效果源于光的反射。

有些动物之所以能变色，是因为它们的皮肤有专门的细胞，可以集中或分散体内的色素。脊椎动物中的典型例子是变色龙；在无脊椎动物中，是乌贼和章鱼。变色动物的这种能力可用于各种各样的目的：作为一种隐身手段融入周围环境；与同类进行交流，包括求偶；作为警戒色；进行威吓或迷惑；展示健康状况。

伪装色：这是动物用来保护自己的最有效的方法之一。当动物形单影只、脱离自然环境时，它们的色彩似乎显得异常鲜艳；然而要是身处自然界，这样的色彩则赋予动物完美的伪装。伪装色有着模糊动物轮廓的效果，使其与栖息环境融为一体。军用迷彩色的发明就是基于动物的伪装色。

反影伪装：这种伪装被所有种群的大多数动物所使用，用来与周围环境融为一体。多亏有反影伪装，动物们在太阳照射下背部和腹部颜色接近，都比较浅，这让它们不易被发现。一些陆生动物是通过更深的背部颜色和更浅或近乎白色的腹部颜色来实现伪装的，比如鹿或松鼠。当我们从侧面看它们时，反影伪装色使它们在栖息环境中几近隐身。这种伪装色在鸟类中也很常见。在海洋中，反影伪装也起作用，包括鲨鱼在内的鱼类、海洋哺乳动物和企鹅等鸟类的背部或上半身通常有非常深的颜色，而它们的腹部和下半身的颜色则非常浅或者是白色的。当我们从上往下去观察这些水生动物时，这种颜色组合中的深色与水的深色相融合。反之，当这些动物在我们的上方游动时，从下往上看去就会发现它们的浅色腹部让它们与穿透海水的阳光融为一体。这种伪装策略对于躲避捕食者和骗过潜在的猎物都极其有效。

季节性变化色：随着一年四季的更迭，一些动物的皮毛或羽毛的颜色也相应地改变。比如北极狐之类的肉食动物就是这样。在冬季的几个月时间里，栖息地一片冰天雪地，它们棕色或灰色的皮毛会变成白色的。同样的情形也出现在像北极兔和岩雷鸟这样的非肉食动物身上，它们为了更好地躲避敌人，在冬天"乔装"成白色的。

Original title of the book in Spanish: *Los Colores de Los Animales*
© Copyright GEMSER PUBLICATIONS S.L. , 2016
C/ Castell, 38; Teià (08329) Barcelona, Spain (World Rights)
E−mail: merce@mercedesros.com
Website: www.gemserpublications.com
Tel: 93 540 13 53
Author: Alejandro Algarra
Illustrations: Rocio Bonilla
Simplified Chinese rights arranged through CA−LINK International LLC(www.ca−link.cn)
The Simplified Chinese edition will be published by China Science and Technology Press Co., Ltd.
本书中文简体版权归属于中国科学技术出版社有限公司

图书在版编目（CIP）数据

你好，大自然 . 动物的颜色 /（西）亚历杭德罗·阿
尔加拉著；（西）罗西奥·博尼利亚绘；詹玲译 . -- 北
京：科学普及出版社，2023.5
ISBN 978-7-110-10578-8

Ⅰ . ①你… Ⅱ . ①亚… ②罗… ③詹… Ⅲ . ①自然科
学—儿童读物 Ⅳ . ① N49

中国国家版本馆 CIP 数据核字（2023）第 058417 号

北京市版权局著作权合同登记　图字：01-2022-6730

策划编辑：李世梅	封面设计：唐志永
责任编辑：孙　莉	责任校对：焦　宁
版式设计：蚂蚁设计	责任印制：马宇晨

出版：科学普及出版社	邮编：100081
发行：中国科学技术出版社有限公司发行部	发行电话：010-62173865
地址：北京市海淀区中关村南大街 16 号	传真：010-62173081
网址：http://www.cspbooks.com.cn	

开本：787mm×1092mm　1/12	
印张：14⅔	字数：120 千字
版次：2023 年 5 月第 1 版	印次：2023 年 5 月第 1 次印刷
印刷：北京顶佳世纪印刷有限公司	

书号：ISBN 978-7-110-10578-8 / N · 260	定价：168.00 元（全四册）